AF346365

MALADIE

DES

POMMES DE TERRE.

Depuis que la maladie des pommes de terre a fait son apparition, de nombreux ouvrages, brochures, notices, articles de journaux ont été publiés, mais jusqu'à présent aucune des diverses méthodes de culture préconisées, n'a reçu la sanction définitive des cultivateurs.

Les essais qui ont eu lieu se sont d'ailleurs faits généralement sans ensemble, isolément ; celui-ci a planté à une époque, celui-là à une autre; qui avec des engrais pulvérulents, qui avec du fumier; les uns ont employé des tubercules entiers, les autres des moitiés de tubercules, ou seulement des quartiers; ceux-ci ont planté dans des terres fortes, ceux-là dans des terres légères; les uns de 25 à 30 centimètres de profondeur, les autres de 10 à 15 seulement, etc.

Pour arriver à faire juger définitivement et en même temps le meilleur mode de plantation, sous le rapport de l'époque et de la profondeur, — de la grosseur des tubercules de semence et de l'espèce d'en-

grais les plus convenables, etc., je me permets de soumettre aux personnes disposées à s'occuper d'un des plus importants problèmes agricoles de notre époque, problème dont les circonstances que nous traversons augmentent encore l'intérêt, le programme d'essais qui suit, convaincu que si l'on veut bien répondre à mon appel, des résultats très-importants seront constatés l'an prochain.

La bienveillance avec laquelle la presse agricole a accueilli mes précédentes notices, me donne la confiance que cette bienveillante indulgence ne me sera pas refusée pour cette nouvelle publication.

V^{er} CHATEL.

Membre de la Ch. cons. d'agriculture de Vire, des Sociétés d'agriculture et d'horticulture de Caen, Impériale et centrale d'horticulture de Paris et de celle de la Seine.

Vire, octobre 1853.

PROGRAMME

D'ESSAIS COMPARATIFS DE CULTURE DES POMMES DE TERRE POUR 1853-54.

1° Donner au sol deux labours profonds: le premier aussitôt que possible; le second quelques jours avant la plantation, mais seulement sur la planche qui va recevoir les tubercules de semence.

2° Division du terrain en planches de 4 mètres 50 centimètres de longueur.

3° Largeur des planches, 66 centimètres.

4° Largeur et profondeur de la rigole intermédiaire, dans laquelle aura été prise la terre pour le buttage d'hiver, 33 centimètres environ.

5° Autant que possible, n'arracher les pommes de terre devant servir pour semence à l'automne, qu'au moment de la plantation.

Conserver dans des endroits à l'abri de l'humidité et de la gelée les tubercules que l'on arrache à l'automne, pour les planter plus tard ou pour la consommation. Les saupoudrer d'une légère couche de chaux, de cendre ou de braise de fours à chaux.

Un rang de tubercules par planche; les rangs à 1 mètre de distance.

7° Les tubercules à 50 centimètres de distance sur le rang.

8° Avant la plantation, chauler les tubercules avec un mélange de chaux (3 parties), de sel (1 partie) et d'urine fraîche.

9° 8 tubercules par planche:

    1" planche: 8 gros.

    2°   —   8 moyens.

    3°   —   8 petits.

    4°   —   8 moitiés de tubercules moyens.

    5°   —   8 quartiers   —   —

    6°   —   8 moyens et entiers , plantés de 28 à 30 centimètres de profondeur, sans buttage ni rigoles.

10° Planter à la suite d'une récolte ayant été fortement fumée, telle que celle de plantes-racines, colza, lin, chanvre, sarrasin, choux, etc., ou sur jachère, et mieux encore dans une terre neuve, lorsqu'on peut en avoir à sa disposition.

11° Lorsqu'on n'a pas de terrain fumé à l'avance, employer le fumier de ferme, mais de la manière suivante: après avoir déposé les tubercules *sur* le sol, les recouvrir d'une petite butte de terre de 8 à 10 centimètres de hauteur, et étendre ensuite le fumier sur toute la surface de la planche.

Ce mode d'emploi du fumier ne peut s'appliquer à la planche n° 6, dans laquelle il devra être enfoui comme pour les autres cultures.

12° Après avoir étendu le fumier, le recouvrir de terre de manière à former sur chaque planche un buttage de 35 à 40 centimètres de hauteur, sur 66 centimètres à sa base.

13° La terre de ce buttage sera prise par couches successives, dans la rigole de séparation des planches.

14° Lorsque les fortes gelées ne seront plus à craindre, réduire *sur la moitié* de chaque planche, le buttage à 12 ou 15 centimètres, en rejettant le surplus de la terre dans la rigole de séparation. Laisser le reste de la planche *entièrement* recouvert du buttage d'hiver.

15° Pour les deux dernières plantations qui seront faites

en avril et juin, butter, en plantant, la moitié de chaque planche à 12 ou 15 centimètres de hauteur seulement, et le reste à 33 centimètres.

16° Planter d'après ces instructions, et en employant la même variété de pommes de terre et le même engrais.

6 planches au commencement de novembre.

6 — — de février.

6 — — d'avril.

6 — — de juin.

17° Ces quatre séries de 6 planches devront être faites dans le même terrain, et à côté les unes des autres.

—————

Au moyen de ces divers essais et de ceux que l'on pourra aussi faire comparativement avec plusieurs variétés de pommes de terre et avec des engrais différents, on arrivera, je crois pouvoir *l'affirmer* dès aujourd'hui, à reconnaître *en même temps et d'une manière positive*, comme je viens de le faire par une quatrième inspection de mes 80 planches d'essais comparatifs, et d'un grand nombre de cultures dans mes environs:

1° Que la plantation sur jachère et surtout dans une terre neuve, lorsqu'on peut en avoir à sa disposition, doit être préférée en raison des bons résultats qu'on en obtient;

2° Que la plantation d'automne ou d'hiver, à la suite d'une récolte fortement fumée, particulièrement après les choux, donne des produits complètement exempts de la maladie (alors même qu'elle a atteint les feuilles et les tiges), ou au moins beaucoup meilleurs que la plantation de printemps avec fumier de ferme ou tout autre;

3° Que cependant employé pour la plantation d'automne ou d'hiver, le fumier de ferme, consommé, donne les meilleurs résultats, loin de présenter les inconvénients qu'on avait cru lui reconnaître et qu'il peut avoir sur les plantations de printemps, alors que son action échauffante vient se com-

biner avec celle des influences atmosphériques et *forcer* la
végétation à une époque où elle se développe naturellement ;

4° Que la plantation *profonde permanente*, de 28 à 30
centimètres, alors surtout qu'elle a lieu à l'automne ou
pendant l'hiver dans des terres froides et compactes ,
comme celles dans lesquelles j'ai fait cette année mes essais,
ne donne généralement que des produits peu satisfaisants
sous le rapport du nombre et de la grosseur; que, du reste,
les résultats peuvent varier *suivant les variétés* de pommes
de terre que l'on a plantées et *suivant leur tendance à former leurs tubercules plus ou moins profondément ;*

5° Que l'état plus froid , plus humide et plus compacte
du sol à cette profondeur de 28 à 30 cent. et à laquelle,
d'ailleurs, l'action des influences atmosphériques, qui donne
l'essor à la végétation , se fait beaucoup moins sentir ,
doit contribuer puissamment à entraver celle-ci. — N'est-il
pas naturel que la cause qui, à une certaine profondeur,
fait perdre temporairement aux graines leurs facultés ger-
minatives , agisse également sur les tubercules-mères et
nuise au développement des nouveaux tubercules?

6° Que, du reste, les tubercules obtenus par la plantation
profonde d'automne ou d'hiver sont *généralement sains*,
et peuvent être employés avec avantage pour semence ;

7° Que la plantation pendant ces deux saisons, faite, au
contraire, *à la surface du sol avec buttage hivernal et drainage à découvert,* — mode de plantation que j'ai conseillé, —
alors surtout que l'on a soin de réduire ce buttage, à 12 ou 15
cent., *aussitôt* que les gelées ne sont plus à craindre; que ce
mode de plantation, dis-je, donne généralement des résultats
complètement satisfaisants ou au moins beaucoup meilleurs
que ceux qui ont été obtenus, depuis l'invasion de la maladie, par tout autre mode de culture ; que même pour celle
de printemps, c'est à dire tardive, la plantation à la sur-

face du sol avec léger buttage est encore celle qui donne les meilleurs résultats ;

8° Que le buttage hivernal avec drainage à découvert. garantit *en même temps et complètement* les tubercules-mères des atteintes des gelées et de l'humidité, et ensuite les nouveaux tubercules de l'action de celle-ci , qui peut être considérée comme une des causes sinon déterminante. du moins favorisant le développement de la maladie ;

9° Que les tubercules qui se développent dans le buttage d'hiver *réduit*, sont plus nombreux et beaucoup plus gros que ceux qui proviennent de plantation profonde *à demeure*. ou qui sont restés recouverts du buttage entier, soit d'hiver. soit de printemps, lequel représente, avec des conditions d'aération et d'assèchement plus favorables, la plantation profonde ;

10° Qu'au moyen du buttage, les tubercules se développent toujours entre deux couches de la meilleure terre du sol : celle sur laquelle on les dépose et celle de la surface de la rigole d'où l'on a extrait ce buttage, ce qui ne peut avoir lieu avec la plantation profonde ;

11° Qu'avec le premier mode de culture, les terres compactes et humides deviennent bientôt meubles et acquièrent (au moins dans la couche où s'accomplit la végétation souterraine de la pomme de terre et d'une portion de ses tiges), par l'effet de leur égouttement et de leur aération, un degré de température plus élevé et par conséquent plus favorable à la formation *plus hâtive et plus prompte*, et au développement plus considérable des tubercules ;

12° Que l'apparition plus hâtive des tubercules dans ces conditions de plantation , leur permet d'accomplir d'une manière normale, au moyen d'un plus long séjour dans le sol, toutes les phases de leur végétation ; qu'il en résulte une meilleure constitution de tout l'organisme végétal et une transformation plus complète des parties aqueuses du tubercule en fécule ; que plus il en renferme , moins il est accessible à la désorganisation produite par la maladie proprement dite;

13° Que plus l'enveloppe du tubercule présente de consistance au moment de l'apparition des insectes qui l'attaquent, plus il est à l'abri de ces attaques et de la désorganisation *spéciale* qu'elles amènent ;

14° Que la maladie proprement dite présente des caractères tout-à-fait différents de celle qui est la conséquence des attaques de ces insectes, cette dernière n'occupant d'*abord* que *superficiellement* la partie du tubercule qui a été attaquée ;

15° Qu'il y a avantage, lorsqu'on n'a pas un terrain fumé à l'avance et dans lequel l'engrais, étant réduit en terreau, se trouve également réparti, à placer le fumier *au-dessus* des tubercules sur la butte de terre dont on les a d'abord recouverts, puisque les tubercules qui se forment pour la plupart *au-dessus* du tubercule-mère , profitent bien plus de cet engrais et des sucs que les eaux de pluies entraînent avec elles, que s'il eût été placé *au-dessous* de la semence ou disséminé inégalement dans le sol.— En admettant que le *contact immédiat*, au moment de la plantation, du fumier avec le tubercule-mère puisse contribuer au développement ultérieur de la maladie, ce contact n'a plus lieu.

Placé au-dessus de ce tubercule, le fumier contribue d'ailleurs à le garantir durant l'hiver, ainsi que les premières racines et les petits bourrelets tuberculeux qui commencent à se former pendant cette saison, des atteintes des gelées.

16° Qu'il y a avantage, sous le rapport de la conservation en terre du tubercule-mère et de l'excédant en nombre de la récolte, à planter de gros tubercules, lesquels doivent être d'ailleurs *les plus mûrs* ; que ces tubercules développent également un plus grand nombre de racines traçantes et que les tubercules isolés qu'elles produisent *sont presque toujours sains;*

17° Qu'il y a également avantage à planter les tubercules entiers, lesquels se trouvent, par la conservation de leur enveloppe, qui peut être considérée comme une cuirasse, à l'abri des attaques de certains insectes, notamment des plus petits, qui, d'après les observations que j'ai faites, ne sont pas les moins nuisibles, et dont la piqûre, la succion ou le rongement me paraissent produire sur les nouveaux tubercules ces taches brunâtres et ces excroissances granuleuses, qui bientôt se transforment en véritables *fungus,* amenant d'abord sous un aspect tout autre que celui de la maladie spéciale, la désorganisation *de la surface* du tubercule dans la partie attaquée et, successivement, de tout le tubercule ;

18ᵉ Que le rendement de la récolte est d'autant plus faible sous le rapport *du nombre* et de *la grosseur,* et que la proportion des tubercules atteints par la maladie *est d'autant plus considérable* que la plantation a été faite *plus tard, après le mois de février;*

19° Que les feuilles et les tiges des pommes de terre provenant de plantations d'automne ou d'hiver, sont beaucoup moins accessibles à la maladie et résistent plus longtemps à ses effets (les tiges surtout), que celles des plantations tardives, qui sont détruites en très-peu de jours. N'est-il pas permis de supposer que deux causes contribuent à hâter la désorganisation de ces dernières : l'insuffisance de chaleur et de rayons solaires indispensables à la formation complète des tissus, et la trop courte durée de la végétation de la plante par suite de son trop court séjour dans le sol ;

20° Qu'une grande partie des feuilles et des tiges des plantations hâtives jaunissent, avant de se dessécher, dans les surfaces qui n'ont pas été d'abord atteintes, au lieu de noircir en très-peu de jours, ce qui annonce que la désorganisation n'a eu lieu que dans le rayon du point attaqué et que les autres parties se sont desséchées d'une manière normale, comme cela a lieu pour les plantes qui ont accompli, dans de bonnes conditions, toutes les phases de leur végétation.

21° On pourra aussi observer que les feuilles *les premières atteintes* de la maladie sont généralement les plus rapprochées du sol et à l'intérieur des touffes, et qu'elles ont été *presque toutes antérieurement perforées par des insectes*, notamment *par des limaçons*, dont les traces se remarquent encore sur un grand nombre de ces mêmes feuilles, et que la désorganisation a commencé sur les bords des trous qu'ils y ont faits et qui ont mis à découvert les tissus non encore complètement formés, état qui rend évidemment ces parties plus accessibles à cette désorganisation, surtout à l'époque des pluies d'orages, laquelle produit ces innombrables champignons microscopiques, dont les sporules se trouvent bientôt emportées par les vents et attaquent les plantations prédisposées à favoriser leur développement ;

22° Que la suppression des tiges *rez terre* avec buttage fortement tassé, *aussitôt* que l'on a constaté les premières traces de la maladie sur les feuilles, en garantit *complètement* les tubercules, mais non, bien entendu, des accidents causés par les attaques des insectes sur les tubercules plantés dans des conditions défavorables, ou qui peuvent être doués héréditairement d'une mauvaise constitution et porter en eux le germe de la maladie ;

23° Que ces attaques, piqûres, succion ou rongement, n'amènent pas les mêmes accidents sur les tubercules provenant de plantations hâtives, et qui s'en trouvent évidemment préservés par leur état plus féculent et par une constitution plus robuste, due à leur plus long séjour dans le sol ;

24° Enfin, que, si d'un côté la suppression des tiges, faite à temps, garantit les tubercules de l'invasion *descen-*

dante de la maladie, de l'autre elle arrête à peu près complètement leur développement.

Si quelques doutes pouvaient rester sur les avantages de la plantation automnale, — faite non à 30 centimètres de profondeur, mais *à la surface du sol, avec buttage d'hiver*, de 35 à 40 centimètres, réduit à 12 ou 15 lorsque les fortes gelées ne sont plus à craindre, — voici quelques autres observations qui devront lever ces doutes. Je ne pense pas qu'elles aient encore été produites. Elles ont rapport à la récolte de tubercules *sains*, provenant de tubercules *malades*.

J'ai constaté sur un grand nombre de plantations, faites dans des conditions et avec des engrais différents, que les tubercules *malades, laissés en terre*, hâtent, par l'effet de leur fermentation, le développement de la végétation des germes, alors que celle-ci ne se manifeste pas encore sur les tubercules *sains*, voisins des premiers.

Ne semble-t-il pas que la nature ait voulu, avant l'entière destruction du tubercule malade, assurer la reproduction de la pomme de terre et le succès de la future récolte, par le développement, dès l'automne, de ce commencement de végétation qui permet à la nouvelle plante d'accomplir, au moyen d'un séjour d'une année entière *dans la terre*, c'est-à-dire dans des conditions normales, toutes les phases de sa végétation, soit souterraine, soit extérieure ?

On pourra voir, dès le milieu de l'automne, sur une partie des tubercules malades, soit des tiges souterraines déjà munies de racines avec de petits bourrelets tuberculeux, soit de petits tubercules adhérents à celui qui est entré en désorganisation. Ces observations me paraissent concluantes en faveur de la plantation d'automne, *faite dans des conditions convenables*, et je pense qu'il serait difficile de donner une autre explication du fait auquel elles ont rapport : la récolte de tubercules *sains* obtenue de tubercules *malades*.

J'engage les personnes qui liront cette notice à planter immédiatement, *avec fort buttage d'hiver*, une planche de pommes de terre *malades et déjà germées*, et à réserver pour la plantation d'*avril* un nombre suffisant de tubercules *sains*, provenant également d'une plantation *de printemps*.

Si les produits de ceux-ci sont atteints l'an prochain par la maladie, et que la récolte obtenue des pommes de terre plantées malades et germées à l'automne, en soit au contraire exempte, mes observations se trouveront confirmées par une expérience aussi simple que facile, et la plantation d'automne, faite d'après ces instructions, recevra également la sanction que les nombreux essais renouvelés par moi cette année me permettent d'espérer.—Quels avantages l'agriculture et la consommation ne trouveraient-elles pas dans le succès de cet essai de plantation de ces tubercules malades !

MALADIE DE LA VIGNE.

J'avais fait planter, il y a quatre ans, à la campagne, une douzaine de variétés de vignes, trois à l'intérieur et les autres à l'extérieur d'une serre, dans laquelle ces dernières devaient être également introduites plus tard. Trois des vignes extérieures furent, l'an dernier, fortement atteintes de la maladie ; aucune des autres n'en porta de traces.

Craignant, pour cette année, le retour de l'oïdium sur les vignes qui en avaient été attaquées, et son apparition sur celles qui en avaient été exemptes, j'ai essayé un moyen *de préservation* qui a complètement réussi.

Je dois dire d'abord que la partie supérieure des ceps des vignes extérieures fut introduite dans la serre après la taille, qui eut lieu *au mois d'avril* dernier. L'oïdium n'a paru sur ces vignes ni à l'intérieur, ni à l'extérieur de la serre. Plusieurs d'entre elles ont donné, sous le vitrage, des grappes de superbe raisin , tandis que les grains des grappes qui s'étaient formées à l'extérieur, sont à peine arrivés au quart, ou au plus à la moitié de leur grosseur ; et cependant ces vignes n'ont été attaquées par l'oïdium dans aucune de leurs parties.

Voici le moyen *de préservation* que j'ai employé. S'il devait réussir de nouveau, ce que je n'ose espérer, son emploi serait plus facile et plus avantageux que le soufrage, qui ne s'applique qu'alors que la maladie a déjà frappé et altéré une partie des grappes, des feuilles et du jeune bois.

J'ai fait dissoudre trois parties de chaux vive et une partie de sel dans une quantité d'urine fraîche, suffisante pour former une bouillie très-claire, puis, avec un fort pinceau, j'ai appliqué ce mélange sur chaque cep, en ayant soin d'en enduire les plaies qui venaient d'être faites par la serpette, ainsi que les bourgeons qui commençaient, à cette époque, à se gonfler et à se couvrir d'un duvet brunâtre.

Que la non réapparition de la maladie sur mes vignes ainsi traitées, doive être attribuée à l'emploi de ce mode de chaulage, à l'époque de la taille, ou à une autre cause, je crois devoir signaler ces faits.

Au mois d'avril, je renouvellerai ici cette expérience sur plusieurs vignes qui ont été atteintes par l'oïdium.

Si le chaulage du blé de semence a pour effet de détruire les sporules de la nielle sur le grain, pourquoi n'aurait-il pas le même effet sur l'écorce de la vigne, qui peut renfermer celles de l'oïdium ? Ne pourrait-on pas supposer aussi qu'une certaine partie du liquide se trouve absorbée et que la sève ascendante s'en empare au profit de la nouvelle végétation ?

L'honorable M. Morière, professeur d'agriculture à Caen et secrétaire de l'Association normande, vit au mois de mai dernier mes vignes chaulées, et je lui fis remarquer les traces, encore très-apparentes, de la maladie sur le bois de l'année dernière. Le 16 octobre, il a revu ces mêmes vignes, et a pu constater leur état et celui des raisins qu'elles portaient.

CAEN. — IMP. E. POISSON.